数学王国奇遇记

纸上魔方 / 编著

我跟距离变魔术

山东人民出版社

全国百佳图书出版单位 国家一级出版社

图书在版编目（CIP）数据

数学王国奇遇记. 我跟距离变魔术 / 纸上魔方编著.
— 济南：山东人民出版社，2014.5
ISBN 978-7-209-06565-8

Ⅰ . ①数… Ⅱ . ①纸… Ⅲ . ①数学－少儿读物 Ⅳ .
① O1-49

中国版本图书馆 CIP 数据核字 (2014) 第 038202 号

责任编辑：王　路

我跟距离变魔术

纸上魔方　编著

山东出版传媒股份有限公司
山东人民出版社出版发行

社　址：济南市经九路胜利大街 39 号　邮编：250001
网　址：http:// www.sd-book.com.cn
发行部：（0531）82098027 82098028

新华书店经销
大厂回族自治县正兴印务有限公司印装

规　格　16 开（170mm×240mm）
印　张　10
字　数　150 千字
版　次　2014 年 5 月第 1 版
印　次　2014 年 5 月第 1 次
ISBN 978-7-209-06565-8
定　价　24.80 元

如有质量问题，请与印刷厂调换。（0316）8982888

前　言

　　本书关注孩子们的阅读需要，是集众多专家学者的智慧，专门为中国少年儿童打造的百科全书，该书知识权威全面，体系严谨，所涉及的领域广阔，既有自然科学，又有人类文明，包括科技发明、数学趣闻、历史回顾、医学探秘、建筑博览、人体奥秘、物理园地、神秘图形、饮食大观、时间之谜、侦探发明等多方面内容。让孩子们开阔眼界的同时，帮助孩子打造一生知识的坚实基座。同时，该书的插画出自一流的插图师之手，细腻而真实地还原了大千世界的纷纭万象，并用启发性的语言，或者开放式的结尾，启发孩子思考，激发孩子们的无穷想象力。

　　总之，本书图文并茂、生动有趣、集科学性、知识性、实用性、趣味性于一体，是少年儿童最佳的课外知识读物。

目 录

第一章 小距离大世界

第二章　距离中的数学奥秘

第三章　距离的生活妙用

第四章　距离的历史传说

第一章

小距离大世界

测量工具大比拼

　　小朋友们，你们来比赛吧，看看谁知道的测量工具最多！提到测量工具，相信小朋友们肯定会先拿出文具盒里的直尺吧。

　　直尺是我们最常见的测量工具。它可以帮助我们测量书本上线段的长度，还能帮助我们画出直线。直尺的长短都不相同，学生一般用的是20厘米长的直尺，有些家用的直尺是50厘米长的，还有的做衣服用的直尺是100厘米长的。不管尺子的长度有多长，它们的刻度都是一样的。尺子上的刻度一般是以厘米

作为单位的，1厘米大约相当于小朋友们大拇指的指甲的宽度。在尺子上一厘米就会标上一个"1"字，两厘米就会标上一个"2"字，就这样用一个一个的数字标注着。在每个厘米中间又有十个小间隔，每个小间隔是1毫米，也就是说1厘米等于10毫米。

用直尺测量距离是非常方便的。比如要测量一个线段的长度，我们可以把

尺子上"0"的端点对准线段的起点，尺子的边和线段重合，看看线段的终点在尺子上的刻度，就说明这条线段有多长。小朋友们，你们学会测量了吗，赶快拿起尺子测量一下自己的文具盒吧。

小朋友们，你们见过卷起来的尺子吗？就是把那种很长很长的直尺卷在一起，缩成一个拳头大小。在需要用的时候把尺子往外拉，就可以测量长度了。卷尺有的是用薄薄的金属片做

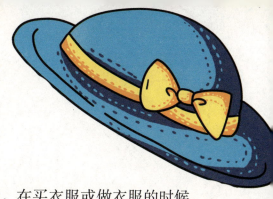

成的，还有的是用塑料或布做成的。在买衣服或做衣服的时候，为了能知道我们的腰围是多少，我们需要用尺子测量一下。这时候就可以用那种软软的卷尺，围绕着腰转一圈，很简单就能测量出腰围的大小了。

　　还有一种叫游标卡尺的尺子，它是由主齿和附在主尺上的游标组成的，游标是可以滑动的。主尺一般是以毫米为单位，而游标上有着10个、20个或50个分格。游标卡尺是一种多功能的测量

工具，它不仅可以测量一般物体的长度，还能测量物体的内径、外径、深度。

随着科技的发展，越来越多的测量工具诞生了。19世纪末出现了成套量块，它是通过两个互相平行的测量面之间的距离来确定其工作长度，是一种高精度的光学测量仪器；19世纪末出现了立式测长仪；20世纪初出现了测长机；到了21世纪，投影仪、光学测微仪、坐标测量机、齿轮量仪纷纷问世。

有了各种各样先进的测量工具，我们想要测量任何的距离都不再是问题。下面请小朋友们开动脑筋，如果要测量水井的深度，人不能进入水井里，那么怎样才能测量出来呢？答案很简单，用一根绳子顺着水井放下去，一端放到底部后再把绳子拿出来，井的深度就转化为了绳子的长度，再测量出绳子的长度就行了。小朋友们，你们想到了吗？

距离的计量
单位大荟萃

距离和长度所使用的单位是一样的，常用的长度计量单位有哪些呢？有毫米、厘米、分米、米、千米等。

小朋友们，你们拿出自己文具盒里的直尺，看到上面最小的一格长度，那就是1毫米的长度。那1毫米到底有多长呢？大家都

用过圆珠笔吧，你们拿出圆珠笔看一看，1毫米就大致相当于圆珠笔笔芯下面的那个小圆珠直径的大小。

10毫米加起来就是1厘米，我们的大拇指指甲盖的宽度大约就是1厘米。10厘米等于1分米，成年人把大拇指和食指分开，那两根指甲的端点之间的距离大约是1分米。10分米构成了1米，我们把两个胳膊伸直放平，两个手掌之间的距离大约就是1米。我国比较常用的距离单位还有里和公里。1里等于500米，1公里等于1千米。

当然，计量长度和距离的单位不止这些，这些都是国际上通用的的计量方法。自古以来，人们就认识到了度量单位的重要性。很久以前，在古代埃及流传下来的纸草书中可以发现，3000多年前的埃及就使用了统一的长度计量单位。那时候是用人的手臂作为计量单位，叫做"腕尺"。埃及著名的法老胡夫像，

就是用腕尺作为测量单位来建造的，这座像高280腕尺。

公元前9世纪，撒克逊王朝亨利一世对计量单位也有自己的规定。他规定他的手臂向前伸直，从鼻尖到指尖的距离是1码。到了10世纪，英国国王埃德加规定他的拇指关节之间的长度是1寸。而我国古代的唐太宗李世民，用自己的步子作为计量单位，左右脚各一步为一个单位，叫做"步"。可见，古时候的统治者都喜欢用自己的身体来规定测量单位。

大家都知道，用身体作为测量单位有很多不足之处，测量的结果也不是很准确。人们就想到用一种固定不变的单位来做统

一。对于古人来说，地球是永远不会发生变化的，所以用地球子午线来作为计量单位是最方便可靠的。

我国的清朝时期，全国的长度单位并不统一，康熙皇帝就规定地球子午线的长度是200里，每里约为1800尺。18世纪末，法国的两位数学家以经过巴黎的地球子午线的四千万分之一作为长度单位，定名为"米突"（米），米这个单位采用的是十进制，使用起来很方便，很快就被世界各国的人所接受。1875

年，17个国家的领导人在法国签署了一份文件，确定"米"作为国家公用的测量单位。

随着科技的发展，人们发现地球的大小并不是一成不变的，它也在发生缓慢的变化，所以米的长度也不是那么准确了。为了解决这个问题，1960年，国际大会把原来的米尺的原型废除了，重新用一种橙色的光谱波长的倍数确定了米的长度。这种光米的准确度更高，误差只有十亿分之二。

用脚步丈量世界

每个人都随身带着一个测量的工具，那就是我们的双脚。在没有任何工具的情况下，我们用步子去测量距离也是比较可靠的方法。

根据人们长期的经验，一个成年人的脚步的长度大约等于他的眼睛到地面距离的一半。比如一个身高160厘米的人，他的眼睛到地面的距离是150厘米，150除以2等于75，所以这个人一步的长度大约就是75厘米。

　　还有一个经验是，一个人每3秒钟迈出的步子的数目，就等于他一个小时能走的千米数。比如一个人每3秒钟能迈出5步，那么他一个小时就能走大约5千米的距离。

　　这两个经验都是人们的经验总结，并不是百分之百的准确，可是这符合大多数人的情况。知道了这两个经验，我们就可以

估计出自己步行的长度和速度。比如，自己走一步的距离是75厘米，在某段时间内走了1080步，把这两个数字相乘，得出这段时间走过的距离大约是810米。

此外，人的眼睛也是一个天然的测量距离的工具。在距离比较远时，眼睛看到的景物比较模糊；当距离比较近时，眼睛看到的景物就很清晰。随着距离的越来越近，我们看到的景物也越来越清楚。

我们在练习目测的时候，要注意观察在不同的距离时物体的清晰程度。观察多了，我们就会对它留下深刻的印象。我们就能根据看到的物体的状态估算出距离的远近。假如你的视力是正常的，一个人从远处向你走来，当他距离你2000米左右的时候，你

看到他只是一个黑点。当他距离你1000米时，你看到的这个人身体上部和下部是一样粗的。当这个人距离你500米的时候，你可以分辨出他的头、身体和四肢；当他站在距离你200米左右的地方，你可以清楚地看见他的皮肤的状况和衣服的颜色，以及身上带着什么东西。

当然，这种目测的方法，我们需要根据自己的经验总结，别人的经验并不适合自己，因为每个人的视力情况都不相同。

月亮到地球有多远？

　　我们从地球上看到的月亮，只有小小的一个圆盘那么大。我们都知道，距离越近，看到的物体就越大；距离越远，看到的物体就越小。所以，月亮在我们的眼中会这么小，是因为月亮离我们太远了。

　　在太空中，月亮是离地球最近的一个星球。月亮环绕地球运转着，这个运行的轨道是个椭圆形。所以月亮离地球的距离不是一个固定值，有时近，有时远。月亮离地球最近的距离是363300千米，它离地球最远的距离是405500千米。我们可以计算出，月亮到地球的平均距离是384401千米。月球的直径是3476千米，是

地球直径的十一分之三，月
球的表面积大约是地球表面积的
十四分之一。

　　我们看月亮的时候会发现，有时候月
亮的面积比较大，有时候它的面积又稍微小一点，这是
怎么回事呢？原来月球在离地球最近的时候和最远的时
候都会出现满月的情况。在距离地球最近的时候，看上
去的满月当然比较大一些；在离地球最远的时候，
看上去的满月就比较小了。同样是满月，我们看
到的最大月亮比最小月亮的直径大14%，面积

大30%。

在测量月亮到地球的距离时，我们可以采用"激光测距法"。从地球上发射的激光打到月球的表面，再从月球返回地球，把这个时间记录下来。我们知道激光的传播速度，用速度乘以时间就可以得出距离了。我们要注意的是，这个时间是激光从地球到月球再到地球的时间，所以算出来的数字要再除以2。用这个方法算出来的距离可以把误差降到几英寸以内。

太阳是一个大火球，它在不停地燃烧，不停地散发光芒。可是月亮并不是个火球，它也不会发光，为什么我们看到的月亮是

明亮的呢？那是因为月亮在反射太阳的光芒。月光从月球到达地球只需要1.3秒，也就是一眨眼的时间。可是在这么短的时间内，月光穿梭的距离是38万多千米。

虽然月亮离我们非常地遥远，可是在现代高科技水平下，人类登上月球已经成为可能了。1969年，尼尔·奥尔登·阿姆斯特朗乘坐阿波罗11号成功登上了月球，并在月球上行走了一段时间。

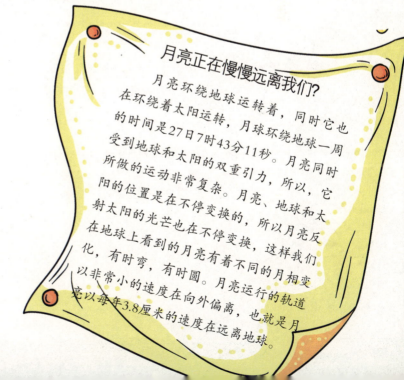

月亮正在慢慢远离我们？

月亮环绕地球运转着，同时它也在环绕着太阳运转，月球环绕地球一周的时间是27日7时43分11秒。月亮同时受到地球和太阳的双重引力，所以，它所做的运动非常复杂。月亮、地球和太阳的位置是在不停变换的，所以月亮反射太阳的光芒也在不停变换，这样我们在地球上看到的月亮有着不同的月相变化，有时弯，有时圆。月亮运行的轨道以非常小的速度在向外偏离，也就是月亮以每年3.8厘米的速度在远离地球。

星星的传说

夜晚，仰望星空，繁星点点，如梦如幻。远远望去，你会发现星星只是一颗颗非常小的发光体。

星星真的很小吗？其实，星星的个头一点儿也不小。星星是太空中的恒星，它们的大小也各不相同。我们看到夜空中两颗星星距离很近，实际上它们之间非常遥远。我们已经学过光年这个计量单位了，星星之间的距离就是用光年来作为单位的，可见它们之间有多么遥远了。

提到时间的久远，人们经常会用的一个词语就是"天荒地老"。而实际上，天荒地老的时间还没有一颗星星的寿命长。目前公认的宇宙形成的时间是137亿年前。而在距离地球3.6万光年的地方有一颗巨星，编号是HE0107–5240，它形成的时间已经是132亿年前。它大约是在宇宙初期形成的，算是一个年纪比较大的"老年星星"了。

如果一颗星星距离我们是10光年，那么从它那里发来的光芒需要经过10年才能到达地球，所以我们看到的星星的光芒其实是10年以前的。这些是不是很有趣呢？也就是说，我们现在看到的星星不是星星今天的模样，而是星星几年前甚至几十年前的样子。举个例子来说，仙女座河外星系M31是倾斜着对着我们的，它距离地球大约有10万光年。也就是说，我们现在看到的这颗星星的状态其实是它十万年以前的样子。

在夜空中，星星距离我们的远近也各不相同。距离

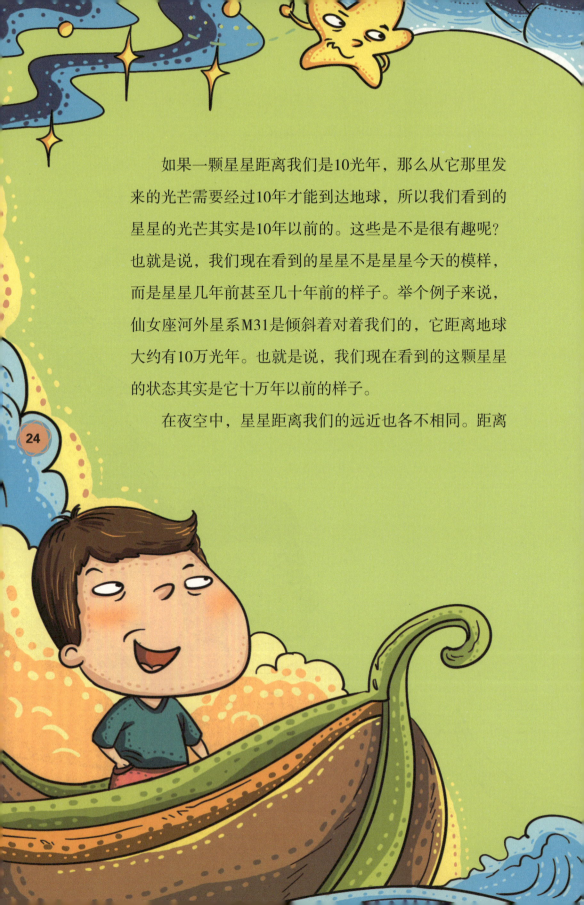

近的星星，传播光的时间就短；而距离远的星星，光芒要花费很多年才能传来。所以当我们在看满天的星星时，其实看到的是由不同时空下的星星组成的夜空。所以说，我们简简单单地抬头看星星的举动，其实就是一次真实的时空旅行。

那星星是什么形状的呢？有人常会把星星画成五角形，这是错误的。在不受外力的作用下，所有的物体都会守着自身的引力向中心聚集，集中形成的就是圆球形。而星星表面的固体有着各种变形的可能，所以大部分的星星

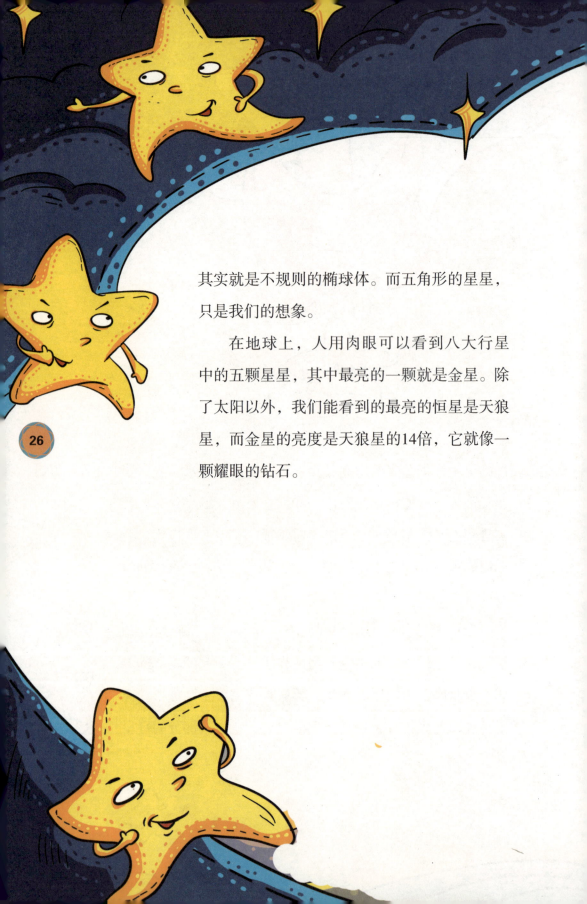

其实就是不规则的椭球体。而五角形的星星，只是我们的想象。

在地球上，人用肉眼可以看到八大行星中的五颗星星，其中最亮的一颗就是金星。除了太阳以外，我们能看到的最亮的恒星是天狼星，而金星的亮度是天狼星的14倍，它就像一颗耀眼的钻石。

不断变化的距离

距离是一个固定的值吗？答案是不一定。在我们的现实之中，很多的距离都是在不断变化的，下面我们来看看这些变化的距离有哪些吧。

小朋友们都知道，静止的物体是不变的，而运动着的物体是变化的。所以，变化的距离也是跟运动有关的，只要存在着运动，距离就会变化。简单来说，两个人同一时间从同一地

点出发，向着同样的方向行走，一个人走得快，一个人走得慢，他们两人之间的距离就会越来越远。那么这是为什么呢？原来，他们之间的距离是这样计算出来的。走得快的那个人的行走速度乘以他用的时间，走得慢的那人的速度也乘以他用的时间，二者相减就可以算出两人的距离了。

相同的交通工具的速度有时也是不一样的，比如两辆不同速度的火车、两辆不同速度的汽车、两艘不同速度的轮船等等。但如果它们行驶的方向相同，行驶的速度和时间也相同，那么它们中间的距离是保持不变的。

　　大自然是一个变幻无穷的世界，世间的万物都在不停运动着，有些运动的速度很慢，不是很明显，我们用肉眼很难察觉到。不过随着日积月累，这些变化就会显现出来，比如花开花落、树叶的生长等等。

　　人的身高就是不断变化的。刚出生的小孩的身高可能只有几十厘米，随着一天天地长大，他的身高也在不断变化，从一米长成一米二，再长成一米五。一个成年女性的身高一般是一米六左右，成年男性的身高是一米七到一米八几。当然这并不是一个固定值，有的人比较矮，而有些

人却比较高。人在成年后身高一般都维持在固定的数值，中间可能也会发生微小的变化。

据说，一个人在早上和晚上的身高有一些小差别。而人在年老后由于肌肉的萎缩，身高会慢慢变矮一些。

山川、河流中存在的距离也并不是一个固定值。比如说河两岸的距离，由于河流水量的减少，河流会慢慢变窄，那两岸间的距离比之前会变短。而大山的高度也是在慢慢变化的，虽然这个变化我们不能直接看出来，但我们也不能忽视了这些变化。例如著名的世界第一高峰——珠穆朗玛峰，我国登山队员在1975年时测量的高度是8848.13米，而2005年我国登山队员重新登上峰顶，测量的山峰的高度是8844.43米。可见，地理原因会导致一些距离发生变化，所以每隔一段时间我们就需要重新测量一下这些距离，以免数据和实际情况发生偏差。

最高的人有多高?

有的小朋友喜欢打篮球，你们看到那些高大的篮球队员都很美慕吧，他们长得可真高呀！对于普通人来说，篮球队员的身高都偏高，他们一般都在2米以上。2米的身高对我们来说已经很高了，可在我国清朝有一个人身高居然是3.19米！他是距今为止世界上最高的人。

为什么"站得高看得远"？

小朋友们应该都有这样的体会，当我们站在地上的时候顶多只能看到幼儿园门口的景色。可是爬上滑梯的时候，站在高高的滑梯上，却能够看到大门外面马路上的景色。这样的情况就可以用一句俗语来解释，就是站得高看得远。

唐朝的大诗人杜甫写了一首叫《望岳》的诗。诗的最后一句是"会当凌绝顶，一览众山小"，意思是终有一天我们会站在高高的山顶上，那时候看到的所有山都会变小了。当我们站在山脚下的时候，只有抬头才能看到眼前的山峰，还不能看到全貌。可是当我们站在最高的那个山顶的时候，附近所有的山峰都出现在眼前，可以看到远处各种各样的景色。

为什么我们站在地面看不到远处的景色，站在高处的时候就能看到呢？其实我们的眼睛可以看到一个非常宽广的视野，可是所有的东西和眼睛之间只能用直线连接。也就是说我们的视线是直的，不会拐弯，当前面的景物被遮挡住的时候，我们只能看到遮挡物，而不能让视线拐个弯不去看那个遮

挡物。

那么，哪些东西能被我们的眼睛直接看到呢？在我们的视线范围内，只要能跟我们的眼睛连接成直线，并且中间没有物体遮挡，这个东西就能被我们的眼睛看到。

我们站在平地上，视线朝下的时候，只能看到地面，包括身边的地面和远处的地面。当我们朝前看，看到的是前面的物体。站在沙漠或草原等空旷的地方，前面会出现一望无际的情况。一般情况下，前面都会有着各种各样的遮挡物。如果眼前是一座大楼或一座大山，后面的景色都被遮挡住了，我们能看到的就是眼前的大楼或高山了。如果眼前的建筑物比较矮，只能遮挡住后面低处的物体，我们就能看到远处高处的景色。当我们朝着天空看时，看到的是宽阔无边的天空。

当我们站在高高的楼顶上或山峰上时，我们的眼睛本身就在比较高的位置了，朝下看的时候完全没有遮挡物。我们可以看到比我们低的各种各样的建筑和景色，还能看到距离比较远的那些景色。因为视线没有被遮挡，所以看到的距离就比较远了，这就是"站得高看得远"的原理。或者说，我们跟地面的距离越远，我们看到的范围也会越宽广。

兔子为何一直输给乌龟?

小朋友们有没有听说过龟兔赛跑的故事呢? 大家都知道, 乌龟爬行的速度非常慢, 而兔子奔跑的速度却是很快的。当乌龟和兔子要比赛的时候, 估计很多人都会笑乌龟, 它那速度竟然敢向兔子挑战! 兔子也是这么想的, 它非常自信, 觉得自己就算是睡一觉起来再跑, 也能轻轻松松地赢过乌龟。于是比赛开始后, 乌龟开始慢慢地爬行起来, 兔子却蜷缩在那里呼呼大睡。乌龟以它著名的"龟速"慢慢向前移动着, 一点一点减少它与兔子的距离。

就在兔子睡觉的时候, 有耐心的乌龟已经越走越远了, 虽然它爬行的速度让人看了都着急。但是它有耐心、有恒心、有胜利的决心, 最终当兔子醒来的时候, 乌龟已经到达了终点。当兔子被它一向瞧不起的乌龟打败时, 所有人都惊奇得合不拢嘴。

下面我们来看看乌龟和兔子的速度。说到爬得慢的动物, 很

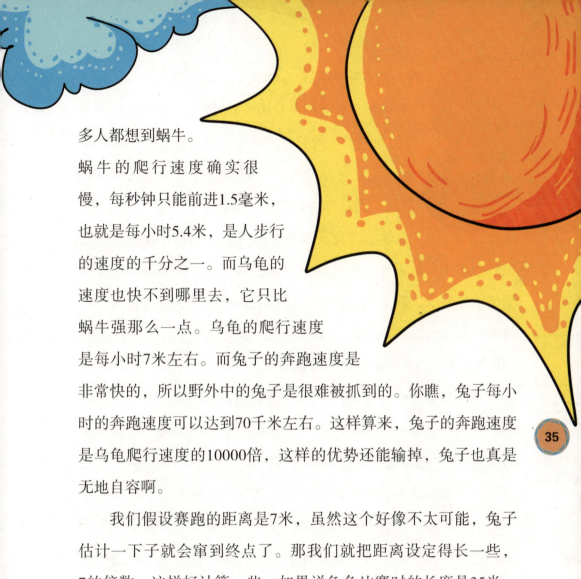

多人都想到蜗牛。

蜗牛的爬行速度确实很慢，每秒钟只能前进1.5毫米，也就是每小时5.4米，是人步行的速度的千分之一。而乌龟的速度也快不到哪里去，它只比蜗牛强那么一点。乌龟的爬行速度是每小时7米左右。而兔子的奔跑速度是非常快的，所以野外中的兔子是很难被抓到的。你瞧，兔子每小时的奔跑速度可以达到70千米左右。这样算来，兔子的奔跑速度是乌龟爬行速度的10000倍，这样的优势还能输掉，兔子也真是无地自容啊。

　　我们假设赛跑的距离是7米，虽然这个好像不太可能，兔子估计一下子就会窜到终点了。那我们就把距离设定得长一些，7的倍数，这样好计算一些。如果说龟兔比赛时的长度是35米，乌龟则需要爬上5个小时才能到达终点。按照兔子的奔跑速度来

看，这点距离还真不够兔子"塞牙缝"，因为兔子跑到终点只需要1.8秒钟。哪怕兔子在乌龟爬到终点前的两秒钟醒来，它也能轻松地赢过乌龟。可是它并没有及时醒来，这只兔子从头睡到尾的，也就是这只兔子一直睡了5个小时。

输了的兔子当然不服气，它恨得牙痒痒，一直找机会想跟乌龟再比一次，好挽回自己的面子。好心的乌龟答应了兔子的要求，后来它们两个又进行了多次比赛，可是奇怪的是每次都是乌龟取得了胜利。这是怎么回事呢？

第二次比赛，兔子可不敢睡觉了，不过它在跑的时候迷路了，绕了很多个圈，跑的距离比乌龟爬行的距离多出了很多，所以这次它又输了。第三次比赛的时候，枪声一响兔子就拔腿拼命向前跑。在快到达终点的时候，骄傲的兔子想回头看看乌龟在哪里，可是却发现后面并没有乌龟。就在兔子洋洋得意的时候，已经站在终点的乌龟说："老弟，我在这里啊，我又赢了。"原来，比赛一开始乌龟就紧紧咬住了兔子的尾巴，当兔子转身的时候，乌龟刚好落到终点，所以它也取得了胜利。

在第四次比赛的时候，兔子一口气跑到了终点，却发现乌龟早已经等在那里了。原来乌龟这次选择了搭的士，的士车的速度可是比兔子的速度快多了。所以选择一个速度快的交通工具也是非常重要的。

第二章

距离中的数学奥秘

什么是"寸影千里"?

　　古代的人们很早就发明了各种测量距离的工具。可是他们发现这些工具只能用来测量现实中能够触碰得到的距离，比如一段路程的长短、一本书的厚度、课桌和座椅的高度等等。可是对于那些非常长的、不好丈量的距离要怎么去测量呢？

　　人们在日常的生活中发现了太阳的影子可以用来测量距离。具体的做法是，在同一天的正中午，在南边和北边同时竖起两

根一样长的竹竿。两根竹竿在地上都有影子，把两个影子的长短测量出来，发现同样长的两根竹竿，在同一时间的太阳照射下影子的长短不一样。把两个影子的长度相减，影子差一寸的长度，实际距离就差一千里，用这样的标准来推算两地之间的距离。这就是"寸影千里"的意思，一寸影子相差一千里。

在汉朝以前，人们一直是按照"寸影千里"的规则来测量距离。到了南朝，有人花费了很长的时间，用实际测量的方法测量了阳城和交州两个地方之间的距离。阳城在如今的河南登封县内，交州在如今越南境内，两地的距离非常远。后来又用"寸影千里"的方法把两地之间的距离推算出来。他发现测量出的距离和推算出的距离并不一样，一直被人们使用的"寸影千里"的方法被证明是错误的。"寸影千里"的测量方法开始遭到人们的怀疑。到了唐朝，一个僧人在河南的平原上成功进行了子午

线长度的测量和维度的测量，最终否定了"寸影千里"的测量
方法。

　　虽然"寸影千里"的方法被人们否定了，但是古人"借天量地"的思路是值得称赞的。在古时候没有先进的测量工具，像山川湖海这样的地方很难测量，用"寸影千里"的方法可以克服这样的困难。这种测量方法在古代的测绘史上具有重要的意义。

长度等于距离吗?

　　"从学校到体育馆的路有多长?"这句话我们也可以换个说法, "从学校到体育馆的距离是多远?"从这两句话来看, 长度和距离似乎是一个意思。那么长度和距离到底可不可以画上等号呢? 长度是不是就是距离呢?

　　从某些方面来说, 长度和距离是一个意思。比如说一根竹竿的长度是3米, 也就是说这根竹竿的顶端到底端的距离是3米; 一

根头发的长度是20厘米，也就是这根头发从发根到发梢的距离是20厘米。

　　但并不是所有的长度都等同于距离。比如说，从一个村庄到另一个村庄有两条路可以走，一条路是弯弯曲曲的，有十几公里远，而另一条路是直线，只有几公里远。那么如果问这两个村庄之间的距离是多远，是说十几公里呢，还是说几公里呢？答案当然是几公里远。因为两个村庄之间的距离是指它们的直线距离。

　　小朋友们，你们应该知道吧，两点之间相连的线

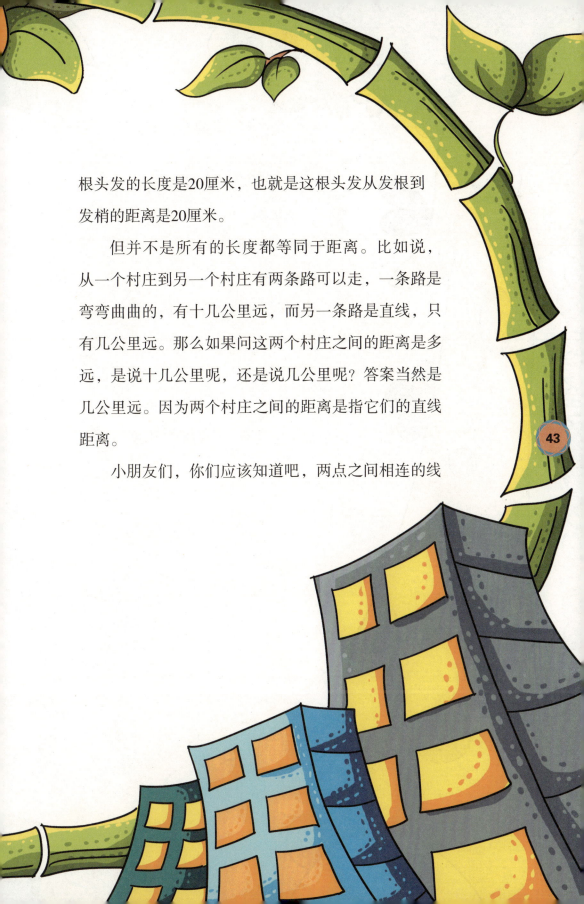

43

路可以有无数条，其中最短的就是直线。也就是说，两点之间相连的曲线可以有无数条，而直线只有一条，而且是最短的。

　　说到两个点之间的距离，我们也要依据具体情况而定。比如说一条曲曲折折的河流可能会很长，因为它拐了很多个弯，而起点到终点的距离是很短的。一根棍子中间有一个弯曲的弧度，我们

44

去测量这根棍子有多长，可以用尺子直接测出是1米。而这根棍子从顶端到底端中间的那些弯曲部分的长度是不能算在内的，小朋友，你明白了吗？

距离与数学形影不离

"我们家离学校好远啊！"，"从你家到公园的距离是多少？"，生活中我们经常能听到"距离"这个词。相信很多小朋友都已经知道距离就是两个物体在时间或空间上相隔的长度。距离有远有近，有长有短，比如从湖南到广东的距离约1000千米。

在远古时候，人类的祖先还不懂得建造房屋，他们大多居住在山洞里，洞里的墙壁

上留下了大量图形和图画，有简单线条的人物、动物和各种生活场景。在那些图画中，有不少长长短短的直线，直线的两头表示着不同的位置：森林里的某个猎物比较多的地方、挖好陷阱的地方、居住的山洞……总之，直线表示了两地间的距离。可见，在很久很久以前，聪明的祖先早已用图形记录下距离了。

47

随着时代的发展，人们发现在生活中距离是处处存在的。比方建造房屋需要测量距离，打造家具也需要测量距离等。古时候，农民隔段时间就要去城镇里赶集，他们需要知道自己的村子跟城镇的距离有多远，再根据步行或乘坐马车、牛车的速度，估算走到城里需要花费的时间。可见，距离和速度、时间都有着密切的关系。

除了我们熟知的两个物体间有距离外，我们的身体各器官也存在着多种距离。

比如我们两只耳朵之间有距离、两只眼睛之间有距离、食指和拇指之间存在着距离……

有的距离很短，我们可以直接用眼睛看出来，也可以用测量工具直接量出来，比如门前的那棵大树到家门口的距离。实际生活中，有太多时候我们没办法用尺子直接量出距离来，只能运用各种复杂的公式去计算，所以，距离的计算是离不开数学的。

最遥远的距离

你知道的最远的距离是多远吗？有的小朋友说，最远的距离是从大海的这边到那边的距离，因为它们都是无边无际的，不知道那边到底是多远。有的小朋友说最远的距离是从南极到北极的距离，因为这是地球的两个极端。还有的小朋友说，赤道是环绕地球一圈的距离，这个距离一定是非常地长。这些想法都很对，这些距离的确很长，可是小朋友们的眼光不要局限在地球上。

让我们的思想飞得更远一些，飞到外太空去吧。

你们想想地球的外面是什么？有星星，有月亮，有太阳。那么，你知道从地球到太阳的距离是多远吗？人们把太阳简称为日，把地球简称为地，太阳到地球的距离被简称为日地距离，也被叫做太阳距离。具体地说，就是从太阳中心到地球中心的直线距离。

学过地理的小朋友都知道，地球是环绕太阳转的，而且这个环绕的轨道不是一个正规的圆形，而是一个椭圆形。所以从太阳到地球的距离是在不断变化的。地球运行到椭圆上较长的直径的

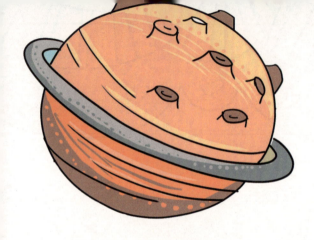

两端时，日地距离是最长的；当地球运行到椭圆轨道较短的直径两端时，日地距离是最短的；而地球在其他的部位环绕时，日地距离则在这两个数字之间。

当地球在远日点时，日地距离会达到最大值，是15210万千米；当地球位于近日点时，日地距离达到最小值，是14710万千米。这样算来，太阳到地球的平均距离是约14960万千米。为了在国际上统一使用这个天文单位，1976年，国际天文学联合会把

日地距离的平均值规定为149597870千米。这个数据从1984年正式使用。

　　有的小朋友可能会疑惑，太阳到地球的距离是那么那么地远，而且这个距离是在外太空之中，那我们要用什么仪器才能把这个距离测量出来呀？如果真的用仪器去天空中测量的话，恐怕人类现在的科技还没有达到这个水平。就算是人类已经可以在太空中自由穿梭了，我们也不能到太阳的附近去测量，因为太阳是个大火球，它的温度会把靠近它的一切生物都烧死、烤化。

　　那么人类是怎么测量出日地距离的呢？其实这个测量的方法有好几种，其中一种就是利用金星凌日。金星是九大行星中的一颗，太阳、金星和地球有时候会运行到同一条直线上。这时候从地球上发射出一束雷达波，波光打到金星的表面上，再由金星发

射回地球上。用这个方法就能算出日地距离的平均值是149597870千米，大约是15000万千米。此外，我们利用其他的小行星也能算出日地距离。

在下雨天，我们总是先看到闪电，后听到雷声。那是因为光的传播速度比声音的传播速度快。所以我们知道光的运动是有速度的，而且这个速度非常快。同样，太阳发射出的光到达地面上也是有速度的，我们若是知道这个速度就能计算出日地距离了。现在我们知道光的传播速度是3×10^8米/秒，太阳光到达地球的时间是8秒，把这两个数字相乘，速度乘以时间就得出了距离。这样计算出的也是太阳到地球的距离。

失之毫厘，谬以千里

毫厘，可以理解为毫米和厘米，这都是非常小的长度单位。而千里是一个比较大的长度单位。这句话的意思是说，1毫厘的失误可以导致1千里的差错。现在，这个成语用来形容一点点的

差错会造成很大的错误和损失，强调不能
出一点点的差错。

　　在战争中，即使是一点小失误也能造成重大的损
失。其实不止是在战争中这样，在其他各个领域中都是这
样。在数学计算中，一个小小的小数点，位置却是非常重要
的。小数点的位置移动了一位，数字就会发生10倍的变化，移
动两位就会发生100倍的变化。在数学运算中要十分注意小数
点的运用，不然就会得出完全不同的结果。

　　只是在考试中弄错了小数点还好，顶多只是分数上的损
失。如果是在建筑、宇航、交通等方面，一个小数点的位
置造成的运算错误，带来的损失就无法估算了。数字计算
错了，桥梁或楼房可能就会出现建造上的错误，很可能发

生倒塌事故。飞机、轮船、火车等行驶过程中的计算错误，哪怕是一秒钟的误差，也可能导致交通事故，很多人会由此丧生。

在宇航事业中，一点点的计算误差可能会导致宇宙飞船坠毁，带来的损失是惨重的。关于这样的错误还有一个感人的故事，1967年8月23日，苏联的一艘宇宙飞船在返回大气层时，减速降落伞无法打开，飞船只能在两小时后坠毁。当时电视台向全国直播这次事故，而飞船上还乘坐着一位宇航

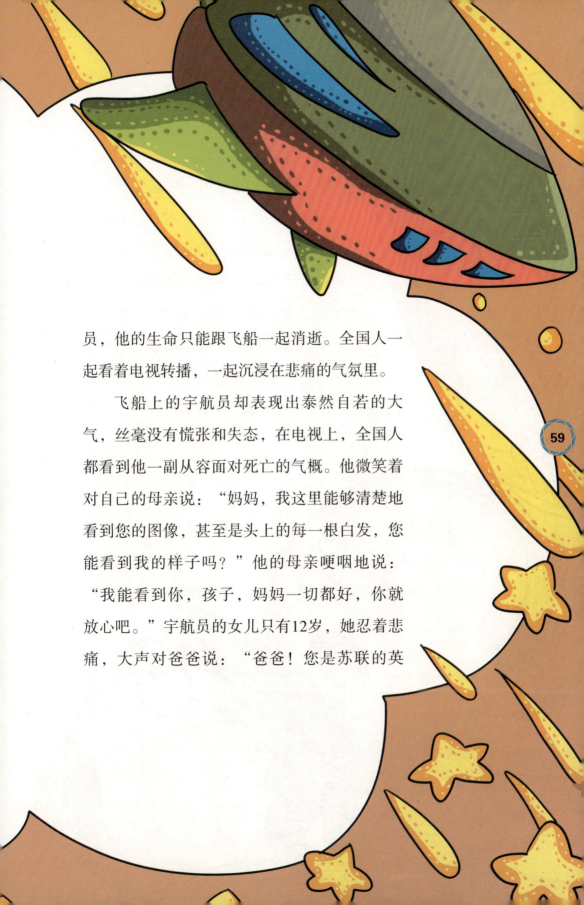

员，他的生命只能跟飞船一起消逝。全国人一起看着电视转播，一起沉浸在悲痛的气氛里。

飞船上的宇航员却表现出泰然自若的大气，丝毫没有慌张和失态，在电视上，全国人都看到他一副从容面对死亡的气概。他微笑着对自己的母亲说："妈妈，我这里能够清楚地看到您的图像，甚至是头上的每一根白发，您能看到我的样子吗？"他的母亲哽咽地说："我能看到你，孩子，妈妈一切都好，你就放心吧。"宇航员的女儿只有12岁，她忍着悲痛，大声对爸爸说："爸爸！您是苏联的英雄，我是您的女儿，我也会像英雄一样活着的。"宇航员对自己的女儿说："你以后学习的时候要认真，精确地对待每一个数据，哪怕是一个小数点也不能马虎。飞船这次出现事故，就是因为地面检查的时候忽略了一个小数点……"时间一分一秒地过去了，离飞船坠毁还有几分钟时，宇航员对着镜头挥手，对大

家说："同胞们，我在这茫茫的宇宙中跟你们告别。"就这样，一个小数点的错误导致了一艘飞船的坠毁，导致了一个宇航员生命的消失，造成了永远无法弥补的损失。

所以小朋友们在生活中要牢牢记住，做任何事情都要认真仔细，用严谨的态度对待每一个数字。不然就会造成失之毫厘谬以千里的遗憾。

光年不是时间的计量单位

在我们的日常生活中，使用得比较大的计量单位就是千米了。两个相隔比较远的城市之间的距离，我们一般是用千米作为单位。可是这样的单位只适合在地球上使用，要知道宇宙可是无穷大的，到底有多大到现在都还没结论。外太空的空间是茫茫无际的，那里有许许多多的星星，有恒星、行星等，这些星星之间的距离可

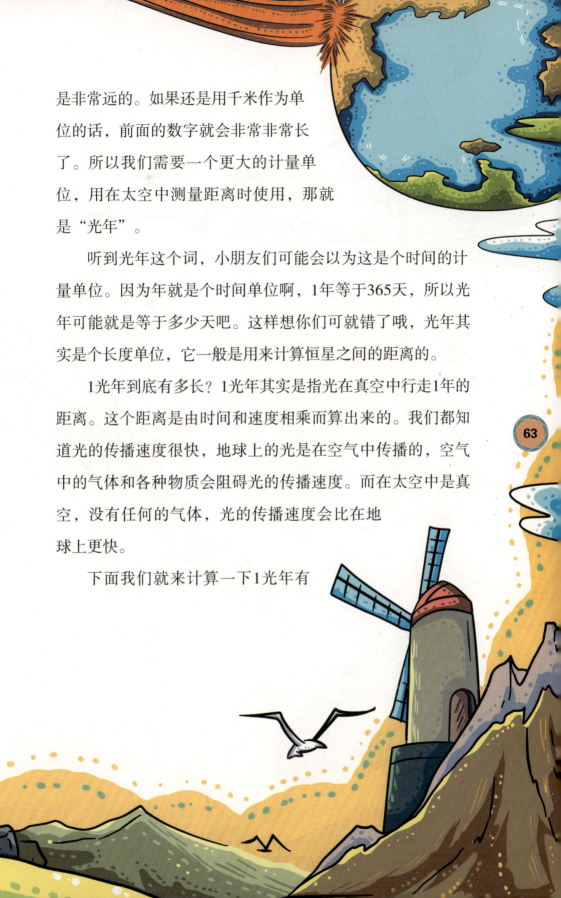

是非常远的。如果还是用千米作为单位的话，前面的数字就会非常非常长了。所以我们需要一个更大的计量单位，用在太空中测量距离时使用，那就是"光年"。

听到光年这个词，小朋友们可能会以为这是个时间的计量单位。因为年就是个时间单位啊，1年等于365天，所以光年可能就是等于多少天吧。这样想你们可就错了哦，光年其实是个长度单位，它一般是用来计算恒星之间的距离的。

1光年到底有多长？1光年其实是指光在真空中行走1年的距离。这个距离是由时间和速度相乘而算出来的。我们都知道光的传播速度很快，地球上的光是在空气中传播的，空气中的气体和各种物质会阻碍光的传播速度。而在太空中是真空，没有任何的气体，光的传播速度会比在地球上更快。

下面我们就来计算一下1光年有

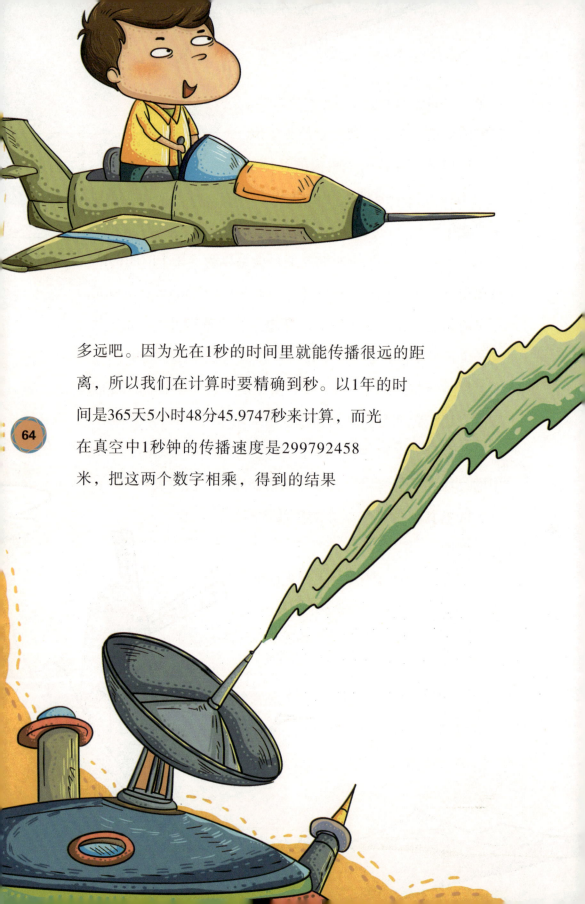

多远吧。因为光在1秒的时间里就能传播很远的距离，所以我们在计算时要精确到秒。以1年的时间是365天5小时48分45.9747秒来计算，而光在真空中1秒钟的传播速度是299792458米，把这两个数字相乘，得到的结果

是9460528404879358.8126米，这就是1光年的距离。怎么样，它比1千米要长得多吧？！

　　大约在700年前，印度的数学家就计算出了光年的长度。现在，这个单位被广泛应用在太空距离的测量中。在天文学中经常会使用到的另外一个单位就是"秒差距"。1秒差距等于3.26光年。若想飞越1光年的距离，需要多长的时间呢？世界上最快的飞机的飞行速度超过每小时11200千米，若按照这样的速度，这架飞机飞越1光年的距离需要花费约95848年。这个数字听起来还真恐怖啊！普通的客机每小时只能飞行800多千米，飞越1光年需要的时间就更久了，大约是1220330年。看来这样的任务飞机是无法完成了，那么我们来看看速度更快的

人造卫星吧。它的最快的速度是每小时252792千米，就这样人造卫星飞越1光年也需要4000年的时间。可以想象，对于我们人类来说，光年是一个多么遥远的距离呀！

66

数学中的奇妙距离

在学习数学的过程中，我们经常会用到距离这个概念。我们需要拿尺子测量长方形的长和宽；测量长方体的长、宽、高；测量两个点之间的距离；测量点和直线之间的距离；等等。有的时候，距离是不用直接测量的，可以算出来。比如说光线照着一棵树在地上投下了影子，我们知道了光线跟地面的夹角和树的高度，就可以计算出影子的长度了。

数学离不开距离，距离在数学中也有着广泛的应用。数学中有着各种各样的计算方法，可以帮助我们计算出距离的长度。有的时候，我们直接用尺子测量出距离就可以了。前面我们已经学过，两个点之间最短的距离是直线距离。下面我们再来看看数学中的其他距离。

如果给出一个点和一条直线，怎么计算出它们的距离呢？点

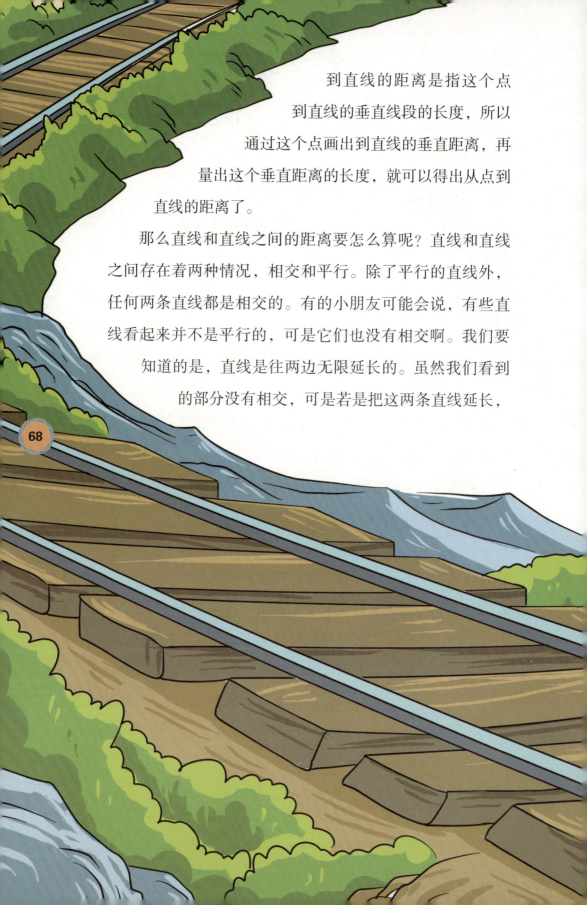

到直线的距离是指这个点到直线的垂直线段的长度，所以通过这个点画出到直线的垂直距离，再量出这个垂直距离的长度，就可以得出从点到直线的距离了。

那么直线和直线之间的距离要怎么算呢？直线和直线之间存在着两种情况，相交和平行。除了平行的直线外，任何两条直线都是相交的。有的小朋友可能会说，有些直线看起来并不是平行的，可是它们也没有相交啊。我们要知道的是，直线是往两边无限延长的。虽然我们看到的部分没有相交，可是若是把这两条直线延长，它们总是会在某个点相交。对于相交的直线来说，它们之间不存在距离，只有平行的两条直线才存在距离。那我们怎么去测量平行直线之间的距离呢？其实很简单，画出这两条直线的公共垂直线段。这条线段的长度就是两条平行线之间的距离了。

　　对于一个圆形来说，我们可以先测量出直径或半径的长度。对于三角形来说，我们可以先测量三角形的每个边的长度，还有三角形的高。什么是三角形的高呢？三角形有三条边，把其中的一条边当做底边，这条底边对应着一个顶点，做出顶点到底边的垂直线段，就是三角形的高了。三角形每条边都对应着一条高，一共有3条高。用三角形的底边乘以这条边上的高再除以2，就可以得出三角形的面积了。

69

有的小朋友可能不明白直线和线段的区别，这其实很简单。直线是没有长度的，它的两边是无限延长的，所以说直线是无限长的。而线段是在直线的两边各有一个端点，线段是有长度的，测量两个端点之间的距离就是这条线段的长度。

数学王国奇遇记

第三章

距离的生活妙用

体育项目中的标准距离

　　小朋友们，你们喜欢看体育比赛吗？看过体育比赛的小朋友会发现，在体育项目中有着各种各样的标准距离。

　　在田径比赛中，短跑项目有女子和男子的100米、200米和400米。此外还有中跑比赛，女子和男子分别有800米和1500米的项目。长跑的距离就比较远了，男子和女子分别有5000米和10000米的比赛。

提到跨栏运动，我们都会想起打破世界纪录的我国著名运动员刘翔。跨栏和普通的赛跑不一样，它的中间设置有一个一个的栏杆，在跑的时候要跨过这些栏杆，所以叫做跨栏运动。男子跨栏项目分别有110米和400米，其中110米跨栏的栏高是106厘米，400米跨栏的栏高是91.4厘米。女子跨栏的项目有100米和400米，100米的栏高是84厘米，400米的栏高是76.2厘米。在比赛的时候，选手一边跑一边需要跳过10个跨栏，除故意用手或脚碰倒栏架外，身体其它的部位碰倒跨栏不算违规。

　　短跑、中跑、长跑和跨栏都是单人比赛的项目，而接力赛跑则是田径运动中唯一的团体合作的项目。跨栏在小朋友们的生活中可能会比较少接触到，不过赛跑和接力赛相信很多人都参加过。接力赛的比赛规则是，参加比赛的人按照规定的位置依次在跑道上站好，第一个跑的人手里拿着接力棒，跑到第二个人那里把接力棒交给他，第二个人再接着跑，把棒交给第三个人，最后由第四个人拿着接力棒跑到终点。每个人完成自己要跑的那一段，并且把接力棒交给下一个人就算是完成自己的任务了。比赛的结果要看第四个人谁先跑到终点，那一队就获得胜利了。在奥运会中的接力赛有男子4乘以100米和4乘以400米、女子4乘以100米和4乘以400米。其中的4是指参加比赛的一共有4个人，100或400表示每个人要跑的距离。比如4乘以100表示4个人每人跑100米，总距离是400米；而4乘以400米表示4个人每人跑400米，所以总距离是1600米。

在田径比赛中还有障碍跑的项目。障碍跑，顾名思义，就是在跑道上设置一些障碍，选手要跨越这些障碍。现在男女障碍跑的距离都是3000米，中间要跨越35个障碍，其中有7个水池，还有高91.1至91.7厘米，宽3.96米，重80至100公斤的障碍架。在400米的跑道中设立有5个障碍架，相邻的两个障碍架中间相隔80米。运动员在遇到障碍架的时候，可以直接从障碍架上跨过去，也可以先攀登上障碍架上再跳下去，还可以用手撑着过去。

竞走是一种特殊的赛跑运动。它其实不能算跑，应该算是比赛走路，不过需要按照要求来走路。女子竞走的长度是20千米；男子竞走的距离有20千米，也有50千米。

游泳也是奥运会的比赛项目，自由泳有男子50米、100米、200米、400米；女子有50米、100米、200米、400米、800米。此外自由泳也有接力赛，形式和接力跑步很像，不过是用游泳代替了跑步。

在各种比赛项目中，对于距离、尺寸、高度、长度的测量都非常精准。在比赛之前要对场地进行严格的检查，确保每一个数据都是正确的。

奇妙的黄金分割点

　　提到距离，我们不得不提到一个名词，那就是黄金分割。黄金分割，这个名词一听就知道是一个关于分割的比例，可是这个比例有什么特殊的地方呢？

　　黄金分割被称为是最具有美感的一个分割比例。世界上的万物，只要是按照黄金分割的比例来形成的，就一定会很具有美感。黄金分割的比例到底是多少呢？以一个线段为例，线段分成长短两部分，短的那段跟长的那段的比值和长的那段跟线段整体

的比值相等，都是0.618。0.618就是被公认为最具有审美意义的比例数字，所以它被叫做黄金分割。

　　黄金分割是在什么时候被发现的呢？在公元前6世纪，古希腊的毕达哥拉斯学派对于正五边形和正十边形的图形有深入研究，人们猜想毕达哥拉斯学派已经发现和掌握了黄金分割的规律。

　　公元前4世纪，古希

腊的一位数学家系统地研究了黄金分割的问题。他确定了黄金分割的正确值。他指出黄金分割就是把一个线段分成两部分，短的部分跟长的部分的比值等于长的部分跟整体的比值，因此这就是计算黄金分割的最简单的方法。

　　阿拉伯人把黄金分割的规律传到了欧洲，欧洲人把它叫做"金法"，甚至也有人把它称为是"所有算法中最宝贵的算法"。公元前300年左右，

欧几里得的著作中也系统地解释了黄金分割。

我国的古代也有关于黄金分割的记录，虽然没有欧洲的记录时间早，不过那是我们独立发现和研究的，后来我国的发现传入了印度。经过研究发现，欧洲的黄金分割的比例算法是从中国传入印度，经过印度再从阿拉伯传到欧洲的，而不是直接从古希腊在欧洲传开的。

19世纪，黄金分割这个名词才在世界上流传通用。

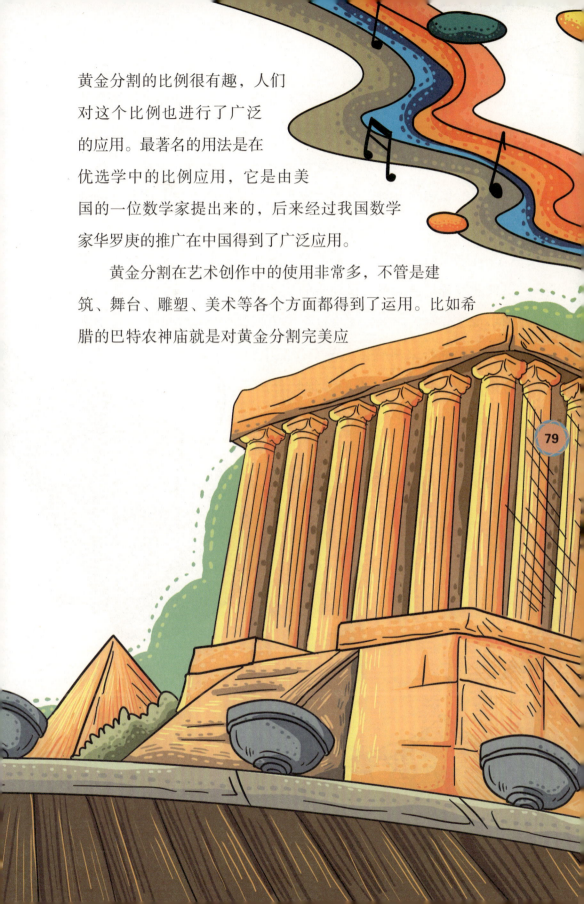

黄金分割的比例很有趣，人们对这个比例也进行了广泛的应用。最著名的用法是在优选学中的比例应用，它是由美国的一位数学家提出来的，后来经过我国数学家华罗庚的推广在中国得到了广泛应用。

黄金分割在艺术创作中的使用非常多，不管是建筑、舞台、雕塑、美术等各个方面都得到了运用。比如希腊的巴特农神庙就是对黄金分割完美应用的范例。另外，舞台上的主持人并非站在舞台的中央话筒音效最好，而是站在舞台中央再偏一点的位置声音效果最好，而这个较偏的比例正是黄金分割。在植物界也有天然的黄金分割，从一棵嫩枝的顶端向下看，你就会发现叶子是按照黄金分割的比例排列的。

　　音乐家们发现，弦乐器的琴马放在琴弦的黄金分割处，演奏出来的声音是最柔美、最动听的。如果一个长方形的宽和长的比例是黄金分割的比例，那么这个长方形就叫做黄金矩形。黄金矩形能给画面带来美感，在艺术作品中经常被应用。例如达芬奇的《维特鲁威人》就符合黄金比例，而在《蒙娜丽莎》中蒙娜丽莎的脸也符合黄金分割的比例，所以她看上去是那么迷人。

什么是"零"距离?

　　当两个物体之间存在着距离的时候,我们总是能一眼看出来。因为这两个物体之间有差距,这个差距的长短我们可以通过工具测量出来。可是有人就会想,距离就是一个数字,可以是1米,可以是209米,可以是1089米,也可以是任何数字,不管是整数还是小数。既然是数字,那么0也是数字。如果说两个物体之间的距离是0,这个距离表示多少呢?

　　距离是通过差别而存在的。如果距离是0的话，就不存在差别了，也就是说这两点是重合的。比如说两个人面对面走路，他们之间的距离越来越短。当这两个人相遇时，也就是说他们走到了同一个点，他们两个的位置被重合起来了，这时他们的两个人之间的距离就是零。

　　零距离到底存不存在呢？我们从数学的角度来看，零距离是

存在的。零距离就是数字等于零时的距
离，是两个物体之间最小的距离。有的小朋
友又要说了，不是说两个点之间的最小距离是
它们之间的线段长度吗？这要分情况来看，在两个点
不重合时，最短的距离是它们之间的线段长度。

　　不过从另一个角度来看，零距离其实很有趣。比
如有人形容一个人与另一个关系是零距离，这里零距
离是表示这两人亲密无间。所以，零距离到底存不存

珠穆朗玛

在，就要看我们从哪个方面去理解了。
在生活中，我们经常会听到"零距离接
触"、"零距离实验"等说法，这个零距
离是一种夸张的表示，它其实是代表了
近距离的意思。

距离是我们的好帮手

距离在我们的日常生活中起着非常重要的作用。小朋友们可能要问了，这些重要作用表现在哪些方面呢？我们为什么要弄清楚距离呢？

你们想想看，在我们的生活里如果没有距离会怎么样呢？我们不知道从家里到学校需要走多长时间，可能会上课迟到；

戴眼镜的小朋友不知道前面这颗树离自己有多远，可能会不小心撞得头破血流……生活中离开了距离，事事就会变得很糟糕。

　　距离和时间、速度都是密切相关的，我们如果知道了其中的两个数据，就可以计算出另外一个数据了。距离除以时间就等于速度，同样的，距离除以速度就等于时间。举个例子，一个人走

路的平均速度是每小时5千米，从家里到商场的距离是2.5千米，那么他从家里走到商场需要多长的时间呢？这就需要用到我们刚刚给出的公式了，用距离2.5千米除以速度每小时5千米，可以得到结果是0.5小时。我们就知道了这个人从家里到商场需要花费半个小时，也就是30分钟。小朋友，你会计算了吗？

当然常人步行速度比起汽车、火车、轮船、飞机这些现代化交通工具就慢多了。近年开通的高铁每小时能行驶300多千米。我们以前坐慢速的火车从广州到武汉可能需要一天的时间，而坐高铁只需要3个多小时。

每年学校运动会期间，你的短跑速度如何呢？在100米短跑项目中，哪个选手用的时间最短、跑得速度最快，他就是冠军了。一个人可以跑多快呢？在50米短跑的比赛中曾经有人只用了不到6秒的时间就跑完了，你能想象那是多快的速度吗？简直就是

"嗖"的一下就从起点蹿到了终点。

有些小朋友不愿意参加长跑项目，因为长跑不仅要拼速度还需要拼耐力。世界上最著名的长跑比赛项目是马拉松，全程距离为40多千米。

马拉松是什么时候开始的?

公元前490年，波斯人和雅典人在雅典附近的马拉松海边发生了著名的希波战争。雅典人最终取得了战争的胜利。为了让故乡的人们尽快知道胜利的好消息，统帅派了一个跑步速度非常快的小伙子去通知大家这个消息。当他跑到雅典城时，已经累得喘不过气，他把好消息通知了人们后自己就累死了。为了纪念这个小伙子，在第一届奥林匹克运动会上就设立了马拉松赛跑这个项目。

你知道安全距离吗?

　　小朋友虽然平时都是在爸爸妈妈和老师的看护下生活、学习的，不过我们也要学会保护自己，不能总是依赖长辈。想要健健康康地长大，你们要学会的东西还有很多，其中很重要的一项就是要学会保护自己。

　　学会保护自己，有一点是一定要懂得的，那就是安全距离。在我们的生活中有很多危险的场所或物体，我们要跟这些危险保持一定的距离，这就是安全距离。

　　在小区里、公园里或工地上我们都会看到高压电的警示符号，符号的意思是让我们远离危险物体。交流电压和直流电压的安全距离是不一样的。对于交流电压来说，10千伏以下的最小安全距离是0.7米；220千伏的最小安全距离是3米；对于1000千伏的高压电来说，我们不能在它7米的范围以内。直流电压中正负为50千伏，它的最小的安全距离是1.5米；正负是660千伏的，最小安全距离是9米；而正负为800千伏的，最小安全距离是10.1米。

　　除了高压电外，发生爆破的地点也是很危险的。在郊外的建筑工地，有时候是在露天的地方爆破大块的岩石，这样的安全距离是400米左右。在发生这样的爆破时我们一定要离得远远的，否则很容易就被爆破的物体给炸伤。有的时候是在地上挖一

个孔，然后把炸药放进孔里爆破。挖得比较浅的孔爆破的安全距离不应该少于300米；而挖得比较深的孔爆破的安全距离也需要200米。

有些年代比较久远的树木被砍伐后，留下的树根在地下扎得很深，我们不能直接把树根挖出来，这时候就需要用到炸药了。爆破树墩也是个很危险的活动，安全距离不应该少于200米，小朋友们不要想着去看热闹就往里面挤，那很容易会被炸伤。冬天的水面有时候会结一层厚厚的冰，人们也会把它们爆破，它的安全距离也是在200米左右。

不可不知的刹车距离

在车辆来来往往的马路上，有时候会有交通事故发生。有些交通事故的发生是因为人们不看交通指示灯，闯红灯或突然拐弯。有些交通事故的发生则是因为我们的车子开得太快，跟前面的车的距离太近。当前面的车突然停住的时候，后面的车来不及刹车，就跟前面的车尾相撞了，惨剧就这样发生了。

为了防止车子相撞，正在行驶的前后车辆应该保持在一定的距离。根据有关交通法律法规，在高速公路上行驶的汽车，如果时速超过了100千米，应该跟前面的车保持在至少100米的距离；当时速在低于100千米的时候，与前面车辆的距离可以有所缩短，不过最短也不能小于50米。

有时候天气情况不太好，在下雨、下雪，或者出现有雾或沙尘暴的天气，空气里的能见度比较低，这时候的车辆就要更加小心了。能见度是指能够看到前方多远的距离。

　　如果能见度低于200米的时候，也就是说200米以外的地方就看不清了，就要把车子的雾灯、近光灯、示廓灯和前后位灯打开，车子行驶的速度每小时不能超过60千米，与前面的车辆要保持100米以上的距离。

　　当能见度小于100米的时候，要把车子的雾灯、近光灯、示廓灯、前后位灯和危险报警闪光灯都打开，车子行驶的速度每小时不能超过40千米，与前面的车也要保持50米以上的距离。

　　在天气条件很差的时候能见

度可能不超过50米，这时候也要把车子的雾灯、近光灯、示廓灯、前后位灯和危险报警闪光灯都开启，车子行驶的速度每小时不能超过20千米。这时候的情况比较危险，不适合在高速公路上行驶。我们要赶快找到最近的路口，把车子开离高速公路。

车子和车子之间必须保持一定的距离，是为了防止车子来不及刹车而撞到。可是有时候车子虽然及时刹车了，但还是发生了相撞事故，这是怎么回事呢？因为车子在按下刹车的开关后，虽然汽车的轮子不再继续转动，可是由于惯性的作用，车子还是会继续往前开

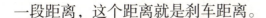

一段距离，这个距离就是刹车距离。

对于车子来说，车的重量越大，刹车距离就越大。所以一辆货车上装的货物越多，刹车时滑行的距离就会越远。此外，刹车距离还跟汽车行驶的速度有关，汽车行驶的速度越快，刹车距离也就越大；汽车行驶的速度越慢，刹车距离也就越小。所以我们在开车的时候不要飙车，尽量按照规定的速度行驶。刹车距离还与轮胎的摩擦力成反比，摩擦力越大，车子跟地面贴得越紧，刹车距离就越小；相反，刹车距离就越大。

当然，小朋友们现在并不用开车，不过大家乘坐汽车的次数却很多。坐在汽车上的时候，我们可以提醒身边的大人怎样才能保护自己的安全。

距离产生美

距离还能产生很多奇妙的效应。很多时候我们的身体都会因为这样的效应而产生反应，可是我们自己却并没有察觉到。

什么是距离效应呢？简单说来距离效应就是让接受信息的一方产生较大或较小的思维落差。比如，

我们在电影院里看电影时，看到比较感人的情节我们就会落下眼泪，这是因为我们沉溺在剧情里，已经忘记了电影艺术和现实生活本身的距离。或者说这个距离被我们无意间缩短了，让我们有了身临其境的感觉。处在两地的亲人见面了，会互相拥抱着流泪，为再次见面而感动，这是因为双方把感情融入了时间和空间的距离成分。牛郎和织女的神话传说相信很多人都听过了，他们被王母娘娘拆散了，分隔在银河的两岸。这个故事让无数人感动，每次七夕的时候人们总是会想起

这对苦难的夫妻，深深地同情他们。

有人说"距离产生美"。意思是你跟一个人或一个物品保持一定的距离时，可能会有很美好的印象，这个印象也会一直保持下去。若有一天你跟这个人或物品进行近距离地接触时，你就会发现那些以前没有发现的缺点，美好的印象也就破坏了。

那我们要怎么样才能把握好这个距离呢？首先要把握好时间的距离，就是要处理好审美和时间的关系。当一个人在一个地方待得时间长了，就会对它产生审美疲劳。我们要对事物保持一个新鲜度，避免让自己产生审美疲劳。

如果想要距离产生美，我们还要把握好空间的距离。"不识庐山真面目，只缘身在此山中。"这种距离我们运用到人际交往上，把握好人与人关系远近的分寸。

102

看地图，算距离

打开一张地图，我们能看到上面不仅有地理范围的划分，在角落里还有各种符号，也会标注着比例尺的大小。比例尺是一个比值大小，是指这张地图跟实际地图的比例值。按照这个比例，地图会比实际的范围缩小了很多倍，所以它也被叫做缩尺。

用公式表示就是，比例尺等于图上距离除以实际距离。比例尺有三种表示方式，一种是数字式，直接用数字表示比例尺的大小。比如地图的1厘米表示实际距离的500千米，数字式的表示方法就是1：50000000或写成1/50000000；一种是线段式，在地图上画一条一厘米长的线段，并在线段下标注上实际距离的长度；还有一种是文字式，直接在地图上用文字写出图上一厘米代表多长的实际距离，比如：图上1厘米相当于地面距离500千米，或

五千万分之一。

　　这三种比例尺是可以相互转换着使用的，不过我们要注意单位的转换。制作地图必备的就是比例尺，因为实际的地图实在是太大了，我们不可能按照实际的比例画下来。否则画一座大山需要一张像大山那么大的图纸，画一条河流就需要像河流那么长的图纸，这样一比一的比例是不能用来做地图的，我们必须要按照一定的比例进行缩小。

　　不同的地图所使用的比例尺的大小也是不同的。根据地图的大小、所画的地图的作用以及纸张的大小等各种因素，我们可以选择不同的比例尺大小。一般情况下，需要详细看的地图所选用

的比例尺就稍微大一些。同样的实际地图范围，选用较大的比例尺制作的地图比较小的比例尺制作的地图的画幅要大一些，也更加精准一些。一般情况下，我们把用大于二十万分之一的比例尺制作的地图叫做大比例尺地图；比例尺在二十万分之一到五十万分之一之间的地图叫做中比例尺地图；比例尺小于一百万分之一的地图叫做小比例尺地图。

了解比例尺的基本知识后，我们就可以算出地图上两个点之间的实际距离了。比如拿出一幅中国地图，看到上面比例尺的大小是1:10000000。如果要测量北京到乌鲁木齐的距离，可以用尺子在地图上测量出这两个点之间的距离，得出的是24.06厘米。用

这个距离除以比例尺的数字，得出来北京到乌鲁木齐两点间的距离是2406千米。不过这个数字只是代表从地图上算出的北京到乌鲁木齐的直线距离，实际上从北京到乌鲁木齐的路程比这个远多了。从北京到乌鲁木齐的公路长度是3768千米，铁路长度是3360.8千米，因为公路和铁路不可能都是直线的，中间总是有着弯弯曲曲的弧度，这样就增加了很多长度。

第四章

距离的历史传说

古人测量
距离的智慧

　　如果在一张纸上画两个点，用一把简单的直尺就可以测量出这两个点之间的距离。现在人们通过各种测量工具已经能够测量出地下隧道的距离，甚至是从海面到海底的距离。在科技水平不发达的时代，人们是用什

么来测量距离的呢？

　　最最原始的测量工具就是人的手和脚，小朋友们没想到吧。那我们的手和脚是怎么去测量距离的呢？比如要测量一张床的长度，可以用手去一下一下地量。用脚也是一样，比如要测量一块田地，一边到另一边有多远，就用脚步去丈量，看看这个长度能走多少步。虽然用手和脚去测量距离听起来不那么科

109

学，不过在原始的古代，这种测量距离的方法还是起到了很重要的作用。但是由于每个人的手和脚的大小是不一样的，参照物不相同导致测量结果也不相同。

当人们在测量过程中遇

到困难时，他们就会去想更好的办法去解决。既然手和脚的大小不一样，那么就换一个固定的、不会变化的物体当测量工具吧。这个固定的物体可以是一截小木棍、一截绳子或者一个布条等等。如果用一截小木棍作为测量工具的话，就可以准确测量出两个物体之间的距离是多少根小木棍的长度了。因为小木棍的长度是不会变化的，所以这样测量出来的距离要准确许多。

伟大的史学家司马迁曾在著作中描绘了大禹治水到水边勘察的画面。大致的意思是，大禹有时在陆地坐车行进，有时在水上乘船破浪，有时在泥泞的沼泽地里坐着木橇，有

时穿着带铁钉的鞋登山。肩上扛着测量的仪器，准、绳、规、矩等各种工具。什么是准呢？原来，准就是水准器；规则是校正圆形的工具；绳是测量距离的工具，可以用来画直线；而矩就是曲尺，可以用来测量高度、深度、远近等。

军人们的秘密武器

在现代化的今天，有各种各样的测量工具。我们使用最简单的直尺，也能测量出准确的距离。可是离开了测量工具，我们有什么方法能测量出距离吗？

军人在外行军打仗，有可能是在丛林里，有可能是身上只剩一把破枪了。紧急的情况下，他们在找不到测量工具的时候也能测量出距离。大家知道他们是怎么做

到的吗？这是一种据说来源于抗美援朝时期的、简单易学的生活技巧，下面大家就跟着我们一起来学习吧。

伸出你的右胳膊，把胳膊在身体前平伸，竖起右手的大拇指。这时候把右眼闭上，让自己的左眼的视线和右手的大拇指以及前面的目标保持一条直线。这样用左眼看去，大拇指就会把前面的目标挡住。等过一会儿再闭上左眼，睁开右眼，你会发现看到的目标位置跟刚才看到的出现了偏差。刚才我们用左眼看的时候，前面的目标被大拇指挡住，而用右眼看的时候，目标的位置发生了移动，一点儿也没被大拇指挡住，跟刚才看到的位置有了

一定的距离。这时候我们估计出这两次看到的目标之间的距离，把这个距离乘以10，得到的就是目标到自己位置的距离了。

　　举个例子来说，按照刚才的方法竖起大拇指，看前面的大树。左眼和右眼交替闭上，看到的大树的位置是不同的，中间产生了一个距离。假如这个距离是0.5米宽，用0.5米乘以10就是5米，也就是说这棵大树跟

自己的距离是5米。然后再用步子或尺子去测量一下，你会发现大树距离自己的位置果然是5米左右，只有几十厘米的误差。用这种方法得出的结果都不会出现很大的偏差，就算是测量300米以上的距离，出现的误差也不会超过30米。

你听说过"指北针"吗?

在日常生活中,我们测量距离都会使用测量工具。可是有些时候,我们身边没有测量工具,就只能动用身边可以用到的其他工具了。

小朋友们,你们都见过指南针吧,指南针的指针总是指向南方。还有一种和指南针相似的工具叫做指北针,

上面的指针总是指向北方。指北针不
仅能让我们辨别东西南北的方向，还能帮助我们测量距离。

　　指北针在制造的时候就设计了测量距离的功能，它的上面安
装了准星和照门。打开指北针就能看到准星了，准星的两侧尖端
的宽度是从准星到照门的距离的十分之一。准星就是用来估测距
离的，所以它也叫做"距离估定器"。

　　在测量距离之前，我们先把指北针放平，通过准星和照门来
观察远处的目标。比如前方有一辆坦克，我们估计坦克的长度大
约有7米。用7米乘以20，等于140
米，这就是坦克距离自己的
位置。因为坦克的长度
比较短，我们用估定
器的一半来照准，

所以要乘以20。如果目标的长度比较长，我们直接用估定器来照准，所以乘以10就可以了。

此外，望远镜也可以帮我们来测距离。拿起望远镜，调整好间隔和焦距，我们可以在右镜筒的玻璃片上看到十字的划分，每一个大划分是10密位，小划分是5密位，这样我们就能够得到密位数了。通过用望远镜观察目标，我们可以估计出目标的长度或高度。用这个长度或高度乘以1000再除以密位数，就能得到目标到自己的距离了。

比如我们用望远镜看远方的一座桥，它的宽度大约是100米，测出它的方向角是70密位。这样我们就能计算了，用100乘以1000再除以70，得出的数字约等于1429，也就是说那座桥距离自己大约是1429米。

探寻世界之"最"

　　我们生活的地球是一个变化万千的世界，小朋友们，你们对自己生活的这个家园有多少了解呢？

　　世界上最高的山峰在哪里？世界上最高的山峰是位于中国和尼泊尔边境的珠穆朗玛峰。它最新公

121

布的测量高度是8844.43米，是名符其实的世界第一峰。珠穆朗玛峰不仅海拔高，而且地势险峻，山峰上常年有冰川覆盖，是非常难攀登的。不过自古以来人们就爱向困难挑战，来自世界各国的探险人员向这座山峰发起了挑战，现在已经有不少人登上了峰顶。

世界上最长的河流是哪条河？非洲的尼罗河是世界上最长的河流，它的全长是6670千米。这是一条历史悠久的河流，它在6500万年前就存在了。千百年来，尼罗河的河水养育着河岸的人们，它是被大家尊称的"母亲河"。

你们见过最深的湖泊吗？世界上最深的湖泊是位于俄罗斯西

伯利亚南部的贝加尔湖。那里的湖水清澈透明，它被称为"西伯利亚"的眼睛。贝加尔湖透过水面可以看到水下40多米的地方。我们居住的楼房，一层也就3米多，这个深度相当于十几层的楼房了。

你们听说过马里亚纳海沟吗？那是位于亚洲大陆和大洋洲之间的海域里的一条很深很深的海沟。海沟里大部分的深度在8000米以上，最深的地方达到了11000多米，那也是地球上的最深点。据推测，这条海沟的形成已经有6000万年了。

科技进步能够改变距离吗?

古时候的人们, 最习惯的运动是什么? 那就是走路。在古代, 科技水平低下, 没有什么先进的交通工具, 顶多就是牛车、驴车、马车之类的, 在水上还有小船。像马车这样"豪华"的交通工具, 一般只有有钱人和有身份的人才坐得起, 除了在水上以外, 普通人去哪里都是步行的。

小朋友们, 你们听说过"赶集"吗? 就是人们到比较集中的集市上去买卖东西。以前的农村是没有集市的, 每隔一段时间, 人们就需要去城镇里赶集, 买一些生活用品, 顺便把自己带的东西卖掉。一般他们都是走路去赶集的，少数情况才会赶牛车去。从村里走到城镇里一般都需要两三个小时，所以人们需要在天没亮就起床，尽快赶到城里去，这样才有足够的时间来做事。忙完后，晚上他们再走两三个小时的路回家。

　　对于今天的我们来说，从一个地方到另一个地方

125

要花费3个小时，其实已经算是比较远的距离了。但是对古代人来说，3个小时的路程实在是太近了，他们根本不当回事。他们都是走路走习惯了，过年、过节的时候去隔壁的县城走亲戚，一走就是好几天的路程，对他们来说也是很正常的事。

我们经常在古代电视剧里会看到，一个官员被派到另一个地方去上任。官员算是比较有身份的人，不用自己走路，一路都是坐比较快的马车。可是经常出现的情况是，他们花费在路上的时间就要两三个月，这在我们今天是无法想象的事情。

我们的生活中充满了现代化的交通工具，慢的有自行车、摩托车，快速的有汽车、火车、飞机、轮船等等。现在也有从农村到城镇里赶集的情况，如果骑自行车的话可能要半个小时左右，摩托车十几分钟就到了。如果家里条件好的，自己有小汽车，开着小汽车去城里赶集几分钟就到了。

在古时候要走几个月的路程，现在坐火车一天就到了，坐飞机就更快了，一两个小时就到了。哪怕是去千里迢迢、穿洋过海的南美洲，坐飞机十几个小时也就到了。对于习惯了现代化交通工具的我们来说，距离早已经不是问题。

用我们现在的眼光去看古代，要自己走几个小时的路程去赶

集，我们肯定会觉得从家里去集市的路程好远啊。而对于我们今天的生活来说，1000千米的距离却一点儿也不远，坐飞机可能一个多小时就到了。

同样都是距离，我们觉得古代的几千米路很远很远，却觉得现在的几千千米一点儿也不远。是科技的进步让距离缩短了吗？其实距离还是那么远，并没有任何变化，发生改变的

只是交通工具的速度。我们都知道路程除以速度等于时间，在路程不变的情况下，速度越大，花费的时间就越短。所以我们要明白，科技的进步是不能把距离变短的，它只是把交通工具的速度加快了。

129

古人的环球旅行

现在的小朋友们应该都知道地球是球形的，可是在很早以前，人们并不这么认为。在很久以前，我们的祖先认为，天是圆的，地是方的，这就是"天圆地方"说，长久以来，人们都相信这个说法。古代人造的铜钱很多都是外面是圆形的，里面有一个方孔，这都是根据天圆地方的观念设计的。

在古人的观念里，地球是有边缘的，所以人们不敢往遥远的地方走，怕走到地球的边缘就掉下去了。这样的说法在今天听来会觉得很好笑，因为我们从小就学习了"地球是圆的"这样的说法。可是对于古代人来说，并没有人告诉他们地球是圆的，也没有人来证实这个观点。古代人对于生活的认识都是通过长期的经验积累，慢慢摸索出来的，所以我们不应该嘲笑他们。

我们应该庆幸自己生活在现代化的今天，我们学习的知识都是古代人通过积累、通过生活证实出来的真理。抛弃了不好的、错误的观点，学到的都是好的、正确的观点，我们要感谢那些留下真理给我们的古人。关于"地球是圆的"这个观点，我们要感谢一个人，那就是哥伦布。

哥伦布是15至16世纪意大利的伟大航海家，他的一生都在从事航海活动。古时候的欧洲人前往亚洲大陆都是从西向东航行，

绕过好望角，从印度洋到亚洲的。而哥伦布相信地球是圆的，他认为从欧洲向西航行，最终也能到达亚洲。当时没有人相信他的观点，哥伦布就决定通过自己的实际行动来证明这个观点。

哥伦布向西航行了四次，经过两个多月的航行到达了大陆。他以为那是印度，其实只是中美洲的一部分。虽然哥伦布最终没有环球航行成功，不过他发现了美洲大陆，发现了维度和风向的关系，确定了地球是圆的这个观点。

没过多久，葡萄牙航海家

麦哲伦带着他的船队开始了环球航行。麦哲伦在途中不幸去世。不过他的船队在他死后继续航行，最终环球航行成功，回到欧洲。

从地球仪上我们可以看到，地球的大部分地区都是水，少部分才是陆地。所以说徒步环球航行并不是一个能实际去行动的办法。因为美洲和亚洲大陆是分开的，只能坐船或坐飞机才能到达，步行是无法到达的。现在我们只是做一个理想的推测，假设一个人能够步行去环游地球，那么他需要花费多长时间呢？

133

按照一个人每小时6千米的速度来计算，赤道的周长是40076千米，用周长除以速度，可以算出来是6679.3小时，也就

是大约279天。这样看来只需要不到一年的时间就可以完成，比麦哲伦的环球航行花费的时间还少。

不过这只是在理想的状态下计算的，麦哲伦航行在大海上要经历狂风暴雨，有时候还会迷路，这样浪费了很多时间。当到达大陆的时候，船上的人员还要到陆地上去考察，去交换物品，这也需要耽搁时间。按照这个时间来计算，除非这人一路上不吃饭、不睡觉，一直坚持往前走，但这种情况是不可能出现。

揭开海市蜃楼的 神秘面纱

小朋友们，你们知道什么是海市蜃楼吗？那是一种神奇的自然现象，一个地方的景物经过光的折射和反射，可以出现在千里之外的另一个地方，就像一座在空中的楼阁，这就是海市蜃楼。

海市蜃楼一般会出现在平静的海面上、大江的江面上、宽阔的湖面上、荒芜的雪原上、无边无际的沙漠或戈壁上，偶尔也会出现在半空中或地上。

夏季炎热的沙漠里，炎炎的烈日把沙土晒得非常烫。这样沙漠下部的空气温度就很高，而高处的温度则会相对低一些。根据热胀冷缩的道理，沙漠下层靠近沙子的空气密度比较小，而上层的空气密度比较大，空气中就形成了不同的密度分布。这样，空气的折射率是上层小、下层大。远处比较高的建筑物折射出来的光经过密度比较大的上层空气，再到下层密度比较小的空气中不断被折射，入射角就会慢慢增大，增大到最后发生完全反射。这时候人如果逆着反射光线看过去，就会看到海市蜃楼了。

海市蜃楼只是幻影，它并不是真实存在的实物。曾经有一只队伍在沙漠中行走了十几天，身上携带的干粮和水都快没了。队

伍里的人都是又累又饿又渴，可是抬眼望去，前面的沙漠还是一望无际，怎么都看不到尽头。又走了一会儿，在沙漠中快要绝望的他们忽然发现前面出现了一座高楼。有房屋的地方就一定有人住，有人住的地方就一定有吃的和喝的。队伍里的人全都欢腾起来，他们加快了赶路的速度，希望能快一点到达前面的房屋。

在队伍里的人看来，前面的房屋跟自己的距离是很近了，走个十几分钟应该就到了。可是十几分钟过去了，房屋还是那么远，之间的距离一点儿也没有缩短。人们继续向前走，过了一个多小时了，房屋还在那里，距离他们看起来很近。队伍里的人只希望能快点赶到房屋那边去，每个人都埋头赶着路，没有人注意到那里的房屋是不是真实的存在。

后来的后来，队伍里的人终于到达了一个湖泊旁，他们喝了水，恢复了精神，可是依然没有到达那向往的房屋。聪明的小朋友，你们已经猜到了吧，那座高高的房屋就是海市蜃楼。那是一座虚幻的楼阁，走在沙漠里的队伍当然不可能走得到那里去了。不过海市蜃楼却给了本来绝望的人美好的希望，让他们加快赶路，最后到达了湖边，也算是起到了望梅止渴的作用。

揭秘微观世界里的距离

　　在我们平时见到的长度单位中，通常最小的就应该是毫米了吧？1毫米大约是几根头发的直径，可以说是非常小了。可是在现实生活中，其实有很多更加小的长度单位，是我们很少用到的。下面，我们一起去了解吧。

　　在生物、化学、农业、医学等各个行业中，通常会用到更小的长度单位，例如微米、纳米等等。1毫米等于1000微米，1微米等于1000纳米。对于我们来说，1毫米的距离就已经是非常小的距离了，把1毫米再分成1000份，里面的1份能有多大呢？那就是1微米的长度，是我们平时用肉眼看不到的。

140

微米这样的长度，我们只能借用显微镜才能看到。有些被叫做微生物的生物，它们的身体非常细小，只能用微米作为测量单位。小小的微生物构成了一个微观世界，虽然微生物的个头小，不过它们的数量却是非常庞大的。我们的肉眼虽然看不到微生物里的世界，不过它们与我们的生活却是息息相关，存在于我们的日常生活的各个角落。

微生物有很多的种类，有细菌、真菌、病毒、酵母菌等等。除了病毒以外，其它的微生物都是由细胞构成的。

细菌在我们生活中处处都是，一提到它的名字，很多人都会皱起眉头呢，因为细菌可以让我们的身体生病。而且，细菌的分裂速度非常快，它的传播速度也很快。在我们的一个小小的指甲盖里，可能有着数不清的细菌。

科学家对细菌进行了测量，发现它们的直径一般是0.5到1微米，是我们用肉眼看不到的，所以一般很难被人发现。

螺旋体也是一种微生物，它是一种单细胞的简单生物，形状是细长柔软的、弯曲的呈螺旋的形状，通常存在于自然界和动物的体内。螺旋体的长短不一，最短的只有3微米，最长的有500微米左右，相当于半毫米的长度，用肉眼才能勉强看到呢。

病毒是一个由核酸分子与蛋白质构成的生命体，是一种微生物。病毒由于没有细胞结构，所以它采用的是营寄生的生活方式。病毒比细胞的个头还小，所以它通常用纳米作为测量单位哦。

目前人类发现的最小的结构、最简单的生物是支原体，支原体的大小只有0.2微米到0.3微米，比一般的微生物都小很多。

有一种生活在水里，被称为草履虫的单细胞动物，它的全身只有一个细胞，外形看起来很像一个鞋垫。测量这个"鞋垫"的鞋跟到指尖的距离，发现只有180微米到280微米的距离，也是肉眼看不到的微生物。草履虫不仅身体构造简单，寿命也是非常短的，它的生命是用小时来计算的。一只草履虫的寿命是一个昼夜左右。

看来，自然界和日常生活中，充满了各种各样未知的事物，只有带着科学的眼光去探索，才能够发掘更多的知识呢！

站在这里能触摸到天空?

　　小朋友，当你站在一座建筑物的顶端，伸出手去，似乎能触摸到天上的星星。会不会发出感叹：这座建筑到底有多高啊？世界上有多少这么高的建筑呢？

　　原来，它就是位于迪拜的迪拜塔，现在被改名为哈利法塔，这座大楼共有162层，总高度有八百多米，从远处看，似乎真的有云彩环绕在大厦的周围呢。哈利法塔的37层以下都是酒店和餐厅，从45层到108层都是居住用的公寓。在这座建筑物里面有1000套豪华的公寓。第123层是一个大大的观景台，站在上面可以俯视整个迪拜市的全景呢。

　　上海环球金融中心也是座摩天大楼，楼高约492米，在这座大厦第94层的观光大厅可以欣赏到上海的城市美景，位于97楼的观光天桥仿佛飘在空中。假如在天桥上行走，人会感觉白云触手可及；而位于100楼的观光天阁上下悬空，十分壮观，这也是目前世界上最高的观光设施，吸引着很多游客慕名前往。

位于马来西亚首都吉隆坡的吉隆坡双塔是1998年建成的，它在当时也是世界上最高的建筑。它的高度是452米，总共有88层。所谓的"双塔"当然是指有两座建筑了，其中一栋大厦是马来西亚石油公司的总部；另外一栋大厦是跟石油公司有关联的公司和跨国公司。这两栋大厦的奇特之处是，在41层和42层之间有一座钢桥链接。这座钢桥与地面的距离是170米，是一座真正的"天桥"。两栋大厦里一共安装了76部电梯，其中每栋建筑里有29部高速乘客电梯，每一部电梯能够乘坐26位乘客。

神奇的距离传感器

我们在知道了距离、时间和速度的关系后，就可以用时间和速度来计算距离了。对于有些不方便测量的距离就可以用这个方法，比如两座大山的山峰之间的距离、悬崖的顶端到底部的距离，我们可以省略掉测量的步骤，直接用计算的方法得到距离。

要得到距离，我们必须要知道时间和速度。根据这个方法，人们发明了神奇的距离传感器。这种测量仪器使用的是"飞行时间法"，来计算两个物体之间的距离。

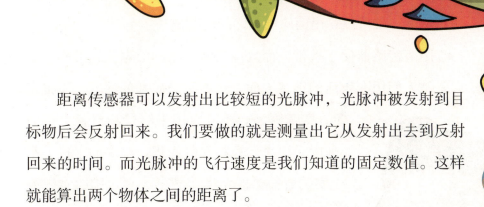

距离传感器可以发射出比较短的光脉冲，光脉冲被发射到目标物后会反射回来。我们要做的就是测量出它从发射出去到反射回来的时间。而光脉冲的飞行速度是我们知道的固定数值。这样就能算出两个物体之间的距离了。

举个例子来说，要测量两座大山的山顶之间的距离，我们用尺子直接去测量显然是没有办法完成的。这时候我们就可以用距离传感器了。站在一座山的山顶，对着另一座山的山顶发射光脉冲，光脉冲到达对面山顶后又会反射回来，我们把这个时间记录下来。因为这个时间是一来一回的时间，所以需要除以2，得出的就是光脉冲到达对面山顶的时间。再用这个时间乘以光脉冲的

飞行速度，就可以算出两座山顶之间的距离了。

距离传感器便于携带，而且用它测量出的数据比较准确，所以常被人们用在生活的很多方面。比如测量矿井的深度、飞机飞行的高度等等。还可以用来测量物料各个点的高度，用来计算物料的面积。很多的手机上都安装着简易的距离传感器，可以随时拿来测量距离，非常方便。